www.ingramcontent.com/pod-product-compliance
Lightning Source LLC
Chambersburg PA
CBHW060938050326
40689CB00013B/3137
9780981591469